Recherches

Sur la Détermination de l'Oxygène

et de

l'Acide phosphorique dissous

Leurs rapports avec la pureté des Eaux

LYON

A. STORCK & Cⁱᵉ, IMPRIMEURS-ÉDITEURS

PARIS, 16, rue de Condé, près l'Odéon

—

1904

Recherches

Sur la Détermination de l'Oxygène

et de

l'Acide phosphorique dissous

Leurs rapports avec la pureté des Eaux

LYON

A. STORCK & Cⁱᵉ, IMPRIMEURS-ÉDITEURS

PARIS, 16, rue de Condé, près l'Odéon

—

1904

Au début de cette étude, qu'il me soit permis d'exprimer mes sentiments de vive gratitude à MM. les professeurs de la Faculté pour le bienveillant intérêt qu'ils n'ont cessé de me témoigner.

Je dois un souvenir tout particulier à ceux dont j'ai spécialement suivi l'enseignement : MM. Florence, Barral, Moreau, Sambuc ; leurs leçons de chimie théorique ou pratique m'ont été très utiles pour mener à bien ces recherches.

La thèse que je présente a été faite au laboratoire des travaux pratiques de pharmacologie. En mettant à ma disposition tous les moyens de travail et ses conseils, M. Causse a singulièrement facilité ma tâche. Je le prie de recevoir le témoignage de ma sincère reconnaissance.

INTRODUCTION

Ce travail a été entrepris dans le but de chercher une relation, d'une part, entre l'oxygène et l'acide phosphorique dissous dans une eau ; d'autre part, entre les proportions relatives de ces deux substances et les qualités de cette même eau.

A cet effet; nous avons divisé notre thèse en trois parties :

La première est elle-même subdivisée en deux autres dont l'une est consacrée à la description des principaux procédés employés pour le dosage de l'oxygène en solution dans les eaux, l'influence de la température, de la conservation sur les variations de cet élément ; tandis que l'autre comprend les résultats que nous avons obtenus en appliquant à ce même dosage les deux méthodes basées sur l'emploi de l'oxyde de manganèse et du violet de méthyle sulfureux.

La deuxième partie donne un aperçu de la quantité de phosphore organique existant dans les eaux contaminées, une étude des méthodes colorimétriqués, pondérales, volumétriques ; puis, finalement, un tableau des quantités d'acide phosphorique trouvées dans ces mêmes eaux.

En dernier lieu, rapprochant toutes ces données, les comparant entre elles, il nous a paru exister un rapport entre la pureté d'une eau, sa teneur en acide phosphorique et en oxygène ; et, nous verrons dans les eaux pures ou considérées comme telles, que si la proportion d'oxygène est égale ou voisine de 10 milligrammes, celle d'acide phosphorique est nulle ou à peu près. A mesure que les qualités de l'eau baissent, la quantité d'oxygène diminue également et à ce moment celle de l'acide phosphorique devient appréciable. Enfin, si la teneur en acide phosphorique est relativement considérable, comme c'est le cas dans l'une des eaux que nous avons analysées, alors que la proportion d'oxygène est infime, il n'existe aucun doute sur la contamination.

CHAPITRE PREMIER

L'oxygène en dissolution dans l'eau tire son origine de l'air atmosphérique et, dans beaucoup de cas,
de la décomposition simultanée de l'acide carbonique dissous et de l'eau.

Sous la double influence de la radiation solaire et
de la fonction chlorophyllienne des végétaux aquati-
ques, il se produit au sein même de l'eau la réaction
suivante :

$$CO^2 + H^2O = CH^2O + O^2$$

L'oxygène se répand dans l'air atmosphérique,
l'aldéhyde formique se condense et produit des
hydrates de carbone divers contenus dans la formule.

$$(CH^2O)^n$$

L'oxygène libre ou dissous est l'élément indispen-
sable à la vie aérobie et comburante ; lorsqu'il vient
à manquer, les bactéries l'empruntent aux composés

oxygénés en dissolution ; c'est du moins la théorie de Pasteur, mais il semble aussi que la réduction des composés oxygénés est la comséquence de fermentations suivies d'un dégagement d'hydrogène comme cela a lieu pour la cellulose qui, ramenée à l'état de glucose, est finalement convertie en acide lactique, puis en acide butyrique, hydrogène et acide carbonique.

C'est la raison pour laquelle la présence de l'hydrogène sulfuré, de l'ammoniaque, est constante dans les eaux polluées à certaines époques de l'année, alors que l'on constate l'absence des composés oxygénés de l'azote.

Entre la vie anaérobie et la proportion d'oxygène dissous dans une eau il semble donc exister une relation facile à saisir, relation qui serait de la plus haute importance si elle était absolue.

En effet, les bactéries se divisent en deux grands groupes : les aérobies et les anaérobies.

Comme les bactéries intestinales appartiennent à la classe des anaérobies, on pourrait tirer une conclusion basée sur la présence ou l'absence de ces micro-organismes dans une eau, ou selon l'expression admise aujourd'hui sur *l'indice de pollution fœcale.*

Tout d'abord on a jugé une semblable relation comme un fait acquis ; mais à mesure que les analyses se sont multipliées, on a observé des anomalies inexplicables dans l'état actuel de nos connaissances.

Lorsque l'on déplace les gaz dissous dans une eau potable par l'un des procédés que nous indiquerons, on trouve que 100 volumes renferment sensiblement pour 2 volumes d'azote, 1 volume d'oxygène. Ce rapport des deux gaz qui correspond à leur coefficient de solubilité se trouverait altéré et, comme on le verra plus loin, ne serait plus pour les eaux polluées que

$$\frac{2 \text{ vol. Az}}{1 \text{ vol. O}} \text{ mais } \frac{3 \text{ vol. Az}}{1 \text{ vol. O}} \text{ et même } \frac{4 \text{ vol. Az}}{1 \text{ vol. O}}$$

Il faut reconnaître qu'une semblable relation se trouve vérifiée dans beaucoup de cas ; mais il y a des exceptions, que nous empruntons au travail de Frankland, résumé dans son précis (*Water Analysis*, p. 3).

VOLUMES DES GAZ

DISSOUS DANS 100 POUCES CUBIQUES DES EAUX SUIVANTES

(exprimés en pouces cubiques)

	Eau de pluie	Eau des régions montagneuses du Cumberland	Eau du lac Katrine	Eau de la Tamise	Eau de puits profond creusé dans le calcaire
Azote	1,3o8	1,424	1,731	1,325	1,944
Oxygène	0,637	0,726	0,704	0,588	0,028
Ac. carbonique. .	0,128	0,281	0,113	4,021	5,520

Interprétant ces résultats, Frankland s'exprime ainsi :

« La comparaison des nombres inclus dans le

tableau ci-dessus montre que la proportion des divers gaz ne diffère sensiblement que lorsqu'il s'agit d'eaux ayant une origine différente. Tout d'abord on supposa que la petite quantité d'oxygène de la colonne 6 tenait à la putréfaction de quelques matières organiques, mais les recherches ultérieures faites sur des eaux de puits profonds (dans lesquels aucune matière organique en putréfaction n'était certainement présente) ont montré que la proportion d'oxygène était non seulement faible, mais même nulle, et ce fait enlève à la détermination de l'oxygène beaucoup de son importance.

« La grande proportion d'acide carbonique contenue dans l'eau du puits profond indique aussi une aération pénible de ces eaux ; car la presque totalité d'acide carbonique est combinée à la chaux, mais non à l'état libre. »

Ainsi, il existe des eaux qui tout en étant considérées comme potables, renferment peu ou point d'oxygène en dissolution ; notons toutefois que la méthode employée est celle du déplacement par ébullition ; et que Frankland pense que les résultats sont dus à une aération pénible (*scarcely adds to the effective aeration of these waters*).

Comme nous retrouverons les mêmes faits avec l'eau de la Loire, où l'on ne saurait mettre en cause le défaut d'aération, aussi bien d'ailleurs que pour la Tamise, il est évident qu'il s'agit ici d'un phénomène particulier.

En effet, demandons-nous d'abord combien un volume d'eau peut contenir d'oxygène dissous, en prenant la température moyenne de 10° et la pression de 1 atmosphère. La composition de l'air atmosphérique rapportée aux deux gaz principaux qui le forment est sensiblement en volumes 21 d'oxygène et 79 d'azote, au total 100 volumes. Dans l'air, l'oxygène exerce une pression de $\frac{21}{100}$; or, 1 volume d'eau à 10° dissout 0 vol. 033 d'oxygène ; par conséquent à cette température elle absorbera pour chaque volume :

$$\frac{21}{100} \times 0{,}033 = 0{,}007 \text{ d'oxygène atmosphérique.}$$

En d'autres termes un litre d'eau à 10° dissout 7 cc. d'oxygène, ce qui correspond à 10 milligrammes environ en poids (*Cours d'hydrologie, 1903*). — La densité de l'oxygène à 0° et sous 760 de pression est de 1,42285.

A quoi faut-il donc attribuer le déchet en oxygène que nous observerons dans certaines eaux, continuellement au contact de l'air. Nous avons vu que Frankland l'attribuait, au moins pour les puits profonds, au défaut d'aération ; cependant, pour ce qui concerne la Tamise, il est évident que la pollution de ce fleuve doit être prise en considération et il semble bien qu'il en soit de même pour la Loire, puisqu'elle entre dans la classe des eaux qui consomment leur oxygène après chauffage. D'ailleurs ce fleuve présente quelques singularités qu'il convient de signaler, la proportion d'acide carbonique dissous est seulement de 1 cc. 8 au litre, alors que celle de la Seine à Paris est 16 cc. 2 et celle de la Tamise à

Londres 27 cc. 2, soit environ la moitié de l'acide carbonique total contenu dans le tableau précédent où encore l'acide demi-combiné (Schutzemberger. *Chimie générale* t. II.)

De tout ce qui précède il résulte ce fait, connu depuis quelques années, que la détermination de l'oxygène, prise en valeur absolue, n'a qu'une signification restreinte; elle devient précise, quelle que soit sa valeur initiale, si l'on ajoute au dosage immédiat les variations que subit ce gaz lorsque l'eau est chauffée à 40-41°, température favorable au développement des bactéries. Si la quantité initiale diminue, c'est l'indice de la présence ou d'une matière organique en voie de putréfaction ou de bactéries qui, en tant que facultatives pour la plupart, absorbent d'abord l'oxygène, puis, l'élément disparu, opèrent par vie anaérobie et réduisent indirectement les composés oxygénés. Comment agit l'oxygène en dissolution dans l'eau? Dans l'air, il y est sous la forme moléculaire O^2 ou $O = O$ et nous savons qu'en cet état il est inerte, qu'il n'agit que sous la forme atomique O.

Parmi les substances qui ont la propriété de dédoubler l'oxygène moléculaire, il faut d'abord citer les oxydes de certains métaux et, en particulier, ceux du fer et du manganèse. Au contact de l'air, les oxydes ferreux ou manganeux s'oxydent, passent au maximum; au contact de la matière organique, ils cèdent l'oxygène pour repasser au minimum; les choses se poursuivant ainsi, aussi longtemps que les conditions sont favorables, ils opèrent la combustion de la matière organique avec formation d'acide carbonique.

De là vient le nom d'oxydases qu'on leur a donné, ou encore de convoyeurs de l'oxygène.

Bertrand, de l'Institut Pasteur, dans une série de mémoires insérés aux *Comptes rendus de l'Académie des Sciences* et dans d'autres recueils, a montré que la présence d'une matière organique accélérait les phénomènes d'oxydation ; dernièrement M. Trillat, dans un long mémoire (*Bulletin Soc. chim.*, juillet 1904), a développé ces mêmes idées en choisissant des exemples variés. Il a étudié, entre autres substances, l'influence de l'oxydation des sels de manganèse en présence d'une matière albuminoïde, le blanc d'œuf sur l'acide gallique.

Il n'entre pas dans notre cadre de résumer ce travail, nous retiendrons seulement le fait principal qui se dégage de cette étude : c'est que certaines substances augmentent le pouvoir oxydasique d'oxydes très réductibles et non moins facilement oxydables, comme ceux du manganèse.

Si l'on tient compte de la présence constante du fer dans les eaux, des liens étroits qui lient le fer au manganèse, on peut conclure que l'oxyde de fer sert, dans les eaux, d'intermédiaire entre l'oxygène de l'air et la combustion de la matière organique.

DES PROCÉDÉS DE DOSAGE DE L'OXYGÈNE EN SOLUTION
DANS LES EAUX

Les méthodes de dosage de l'oxygène sont nombreuses ; mais on peut tout d'abord les diviser en deux groupes :

Méthodes physiques ;
Méthodes chimiques.

Les méthodes physiques s'appliquent, en réalité, à l'ensemble des gaz dissous dans l'eau ; elles consistent à les déplacer, soit par l'action de la chaleur seule, ou aidée du concours du vide, ou d'un autre gaz.

La méthode la plus anciennement connue consiste à remplir un ballon de capacité suffisante ; on le ferme avec un bouchon traversé par un tube coudé qui débouche sur la cuve à mercure ; on s'arrange de manière qu'en fermant le ballon on chasse une quantité d'eau suffisante pour remplir le tube abducteur ; on chauffe ensuite à l'ébullition. L'opération est difficile à conduire, particulièrement à la fin ; en outre, il passe ou distille un grand volume d'eau qui, par son pouvoir dissolvant, fausse les résultats.

C'est pour éviter la distillation d'une grande quantité de liquide que divers opérateurs ont présenté des modifications du procédé précédent.

Dans l'appareil de Gauthier, le ballon est surmonté d'un long tube de gros diamètre qui joue le rôle de réfrigérant et de condenseur. Dans celui de Schlœsing on adapte au ballon un réfrigérant descendant de Liebig.

Un autre procédé consiste à intercaler entre le tube abducteur et le ballon plein d'eau une ampoule qui sert d'abord à faire le vide dans le tube et ensuite à condenser une partie de l'eau distillée. (Voir Ogier, *Analyse des gaz*, page 17.)

Dans tous ces procédés, les gaz sont recueillis sur la cuve à mercure, avec une proportion d'eau variable ; on les analyse ensuite par les méthodes habituelles.

Les procédés qui emploient successivement le vide et la chaleur nécessitent une pompe qui peut être celle d'Alvergniat ou celle de Sprengel.

Le vase qui contient la solution des gaz est mis en communication directe avec la pompe, où l'on a préalablement fait le vide ; vers la fin de l'opération, on chauffe légèrement, ou bien on plonge le vase dans un bain d'eau dont on élève progressivement la température. Les gaz recueillis sont saturés de vapeur d'eau, que l'on peut enlever avec un absorbant choisi, mais qui disparaît au moment de l'absorption de l'acide carbonique par la potasse ; il reste un mélange de gaz, azote et oxygène, que l'on mesure.

C'est dans cette classe que rentre le dosage de l'oxygène à l'aide de l'appareil de M. Florence ; le ballon est surmonté d'un tube muni de deux robinets dont l'intérieur est à trois voies. Le vide est obtenu par le déplacement d'une colonne à mercure.

Un procédé quelquefois employé consiste à combiner le déplacement par le vide, la chaleur et un gaz inerte ou facile à absorber tel que l'acide carbonique. Le ballon qui contient l'eau est relié à une bonne pompe de modèle variable (Alvergniat, Sprengel, Schlœsing) par l'intermédiaire d'un tube qui s'ouvre au voisinage de la surface inférieure du bouchon ; un second tube plonge dans le liquide : il est en relation avec un appareil à acide carbonique. On fait le vide, on recueille les gaz, d'abord à la température ordinaire, puis on chauffe ; à la fin de l'opération on entraîne les gaz dissous en laissant arriver bulle à bulle l'acide carbonique.

Méthodes chimiques

Elles consistent à engager l'oxygène dans une combinaison chimique. Cette combinaison doit avoir de l'affinité pour le gaz et en assurer l'absorption complète. Ces méthodes s'appliquent directement à l'eau.

Les absorbants employés ne varient pas beaucoup : ce sont l'hydrosulfite de soude, les combinaisons ferreuses ou manganeuses.

La méthode à l'hydrosulfite de soude est due à Schutzenberger. Voici le principe sur lequel elle repose :

Principe. — Lorsque l'hydrosulfite de soude est

mis en présence de l'oxygène dissous, celui-ci est absorbé. Pour marquer le terme de la réaction on se sert d'une solution d'indigo ou de bleu Coupier ; ces solutions sont, en effet, décolorées dès que l'oxygène en solution a disparu. On trouvera la description complète de la méthode, faite par l'auteur lui-même, dans un ouvrage intitulé : *Les Fermentations.*

La difficulté d'avoir à chaque instant de l'hydrosulfite, qui est un réactif très instable et les précautions que réclament les manipulations ont fait abandonner l'usage de cette méthode.

Les méthodes auxquelles on a recours généralement sont fondées sur l'absorption de l'oxygène par l'oxyde ferreux (l'idée première appartient à Mohr, qui se servait de sulfate double de fer et d'ammoniaque) ou par l'oxyde manganeux.

A ces méthodes nous avons ajouté un procédé simple fondé sur l'emploi du violet de méthyl sulfureux. Ce réactif a été décrit, pour la première fois, par M. H. Causse. On en trouvera la description dans les divers mémoires publiés sur ce sujet par l'auteur tant dans le *Compte rendu de l'Académie des Sciences* (1900-1902-1903), que dans le *Bulletin de la Société chimique de Paris,* des mêmes années.

Procédé à l'oxyde ferreux

Ce procédé nécessite une solution titrée de permanganate de potasse, du sulfate ferreux ou mieux une solution de sulfate double de fer et d'ammoniaque.

L'équation de la réaction étant :

$$2 \, Fe\,O + O = Fe^2O^3$$

16 grammes d'oxygène suroxydent 52×2 de fer ; il en résulte que :

1 gramme de fer correspond à 0,1428 d'oxygène. Si donc V représente le volume de permanganate $n/10$ mis en œuvre et v le volume de cette liqueur après la suroxydation du liquide :

$$V - v \text{ représente le fer oxydé}$$

$$1 \text{ cc. de permanganate } \frac{n}{10} = 0,028 \text{ de fer.}$$

On a donc l'équation définitive :

$$(V - v) \times 0,028 \times 0,1428 = \text{Oxygène}$$

A. Lévy emploie pour ce dosage un appareil qui se compose d'un cylindre en verre de 100 cc. de capacité, terminé par deux robinets en verre ; à l'un d'eux est soudé un petit entonnoir.

L'opération comporte deux dosages : l'un pratiqué sur de l'eau distillée et destiné à donner le fer contenu dans le volume de solution ferreuse introduit, soit V. Le second est effectué sur l'eau à analyser, il donne v.

On remplit la pipette par aspiration jusqu'au-dessus du robinet, que l'on ferme ensuite ; l'appareil est retourné, l'entonnoir vidé et garni avec 2 cc. de potasse ; on ouvre le robinet inférieur avec précaution ; on fait passer la potasse dans l'eau sans laisser pénétrer d'air, puis les robinets sont fermés, l'entonnoir est nettoyé ; il reçoit ensuite 4 cc. d'une solu-

tion concentrée de sulfate double de fer et d'ammoniaque, que l'on introduit dans le cylindre comme il
a été dit pour la potasse ; on agite, un précipité verdâtre se sépare, mélange de protoxyde et de sesquioxyde ; le tout est abandonné à lui-même pendant
une demi-heure.

Tandisque la suroxydation du fer a lieu, on procède
à la détermination du titre en fer du volume de sulfate double employé.

Pour cela, dans un verre on mesure successivement 4 cc. de sulfate double, 2 cc. de potasse, 4 cc.
d'acide sulfurique au 1/2, 100 cc. d'eau distillée ; on
titre avec le permanganate de pota--e, ce qui
donne V.

Pour avoir v, le contenu du cylindre est reçu dans
un verre qui contient 4 cc. d'acide sulfurique étendu,
on lave l'appareil avec l'acide sulfurique dilué, on
titre comme ci-dessus et l'on a tous les éléments du
calcul.

Méthode au protoxyde de manganèse

Le principe de cette méthode est celui-ci :

Le protoxyde de manganèse naissant, mis en présence de l'oxygène, passe à l'état de sesquioxyde de
Mn_2O_3.

Si, sur le sesquioxyde, on fait agir (HCl) et KI, une
quantité d'iode proportionnelle au chlore libre entre
en solution ; or, le chlore étant lui-même proportion-

nel au sesquioxyde formé, de la quantité d'iode on déduit celle d'oxygène :

$$2\,MnO + O + 6\,HCl + 2\,KI = 2\,MnCl^2$$
$$+ 2\,KCl + 2\,I + 3\,H^2O$$

254 I correspond à 16 d'O.

On titre à l'hyposulfite $n/10$

donc 1 cc. $= 0,0127$ d'I $= 0$ milligr. 8 d'O

et :

V ou (volume d'hyposulfite) $\times$ 0 milligr. $=$ Oxygène.

Pour l'opération nous nous servions d'un ballon en verre dont le volume d'un litre atteint l'affleurement du bouchon. Ce dernier est traversé par un tube capillaire fermé extérieurement au ras du bouchon par un robinet. On remplit donc à peu près le ballon avec l'eau à analyser, puis, avec une pipette pleine d'une solution de KO H au tiers, on en fait arriver au fond 8 cc. Il faut opérer avec précaution pour ne point mélanger l'alcali avec le liquide. Dès que la pipette est retirée, on introduit 4 à 5 grammes de sulfate de manganèse en cristaux. Le ballon est alors rempli entièrement avec l'eau à analyser. On fixe le bouchon dont le robinet ouvert laisse passer le trop-plein du liquide. Cette opération terminée, le robinet est fermé, puis, après agitation, on laisse, environ une demi-heure, déposer le précipité brun de sesquioxyde de manganèse.

Pendant ce temps, il faut verser dans un verre à pied de grand volume 4 à 5 grammes d'iodure de potassium en solution dans un même poids d'eau, plus 8 à 10 cc. d'acide chlorhydrique normal. On ajoute ensuite le contenu du ballon.

Le mélange étant fait et la burette étant garnie d'hyposulfite, on titre jusqu'à décoloration. Le volume obtenu multiplié par 0 mm. 8 donne la teneur d'oxygène par litre d'eau analysée.

Procédé au violet de méthyle sulfureux

Avant d'exposer cette méthode, voici, d'après M. H. Causse, la composition du réactif au violet de méthyle sulfureux :

« Le violet de méthyle sulfureux est le produit d'oxydation du chlorhydrate de pararosaniline hexaméthylée, d'après la constitution admise pour cette matière colorante. »

Sous l'influence des réducteurs, comme l'acide sulfureux, le violet fixe H' etse change en leucochlorhydrate incolore.

Principe. — Lorque le violet sulfureux, c'est-à-dire incolore, est mis au contact de l'oxygène dissous, le gaz est absorbé, et simultanément une quantité d'acide sulfureux passe à l'état d'acide sulfurique, en même temps que la couleur primitive du violet réapparaît.

L'eau distillée, bien qu'aérée, est dépourvue de cette propriété ; d'autre part, une eau potable, active sur le violet, perd cette propriété si on l'acidule, si on la porte à l'ébullition, et que l'on sépare le carbonate calcique ; après aération, elle se conduit comme une eau distillée. La fixation d'oxygène nécessite donc quelques conditions spéciales qui se trouvent réalisées dans les eaux potables ; elles contiennent, en effet, du carbonate calcique dissous. Le rôle du violet est ici celui d'un catalyte, rôle qui est la conséquence, sans doute, de la fonction quinonique admise dans le violet ; elle ne se manifeste nettement qu'en présence d'un alcali, d'un carbonate alcalin ou alcalino-terreux.

Tous ces faits ont été établis dans une série de mémoires auxquels nous renvoyons le lecteur. (*Comptes rendus de l'Académie des sciences. — Bulletin de la Société chimique*, 1903.)

Cela posé, nous pouvons représenter la fixation de l'oxygène sur l'acide sulfureux par l'équation :

$$(1) \quad SO^3H^2 + O = SO^4H^2$$

d'où il résulte que : 1 molécule d'acide sulfureux ou 82 absorbe 16 grammes d'oxygène.

1 partie d'acide sulfureux correspond donc à $\dfrac{16}{82}$ d'oxygène.

D'autre part, si nous dosons ce même acide sulfureux par l'iode, nous aurons l'équation :

$$(2) \quad SO^3H^2 + I^2 + H^2O = SO^4H^2 + 2HI$$

d'où il suit : qu'un double atome d'iode correspond à une molécule d'acide sulfureux, ou encore :

1 cc. d'iode *n*/10 à 0,0041 de SO^3H^2

D'après ces faits :

Soit V le volume d'iode consommé par 2 cc. de réactif :

$$V \times 0,0041 = SO^3H^2 \text{ total}$$

v le volume trouvé après réaction

$$v \times 0,0041 = SO^3H^2 \text{ restant}$$

donc,

$$(V - v) \times 0,0041 = SO^3H^2 \text{ converti en } SO^4H^2$$

Pour transformer cette valeur en oxygène, il nous suffit de nous reporter à l'équation (I), ce qui nous donne l'expression finale du dosage :

$$(V - v) \times 0,0041 \times 0,1951 = \text{oxygène dissous.}$$

Pratique de l'opération

Pour l'opération, nous nous sommes servi d'un appareil composé d'un gros tube en verre, destiné à contenir le violet, relié par un tube de caoutchouc à une burette graduée. Au moyen d'un système de pinces de Mohr, au moment de l'opération, on laisse passer le violet du tube dans la burette. On en arrête l'ascension au trait marquant O. Comme elle est jaugée à 2 cc., il suffit de laisser écouler ces 2 cc. nécessaires au dosage. Cet appareil automatique et particulièrement simple préserve l'opérateur des émanations d'acide sulfureux.

Pour doser, on mesure dans deux flacons bouchés à l'émeri :

250 cc. d'eau distillée,
250 cc. d'eau à analyser ,

puis, dans chacun d'eux on fait tomber 2 cc. de réactif.

Le premier liquide reste incolore, tandis que le second prend une coloration violette, coloration dont l'intensité est en rapport direct avec la teneur en oxygène.

Après quinze minutes de contact, on procède au titrage au moyen de la solution $n/10$ d'iode, de la quantité d'acide sulfureux non oxydée.

V étant le volume d'iode absorbé par l'eau distillée v le volume d'iode absorbé par l'eau analysée, on applique alors, comme il a été dit plus haut, la relation :

$$(V-v) \times 0,0041 \times 0,1951 = \text{Oxygène dissous dans la quantité d'eau analysée.}$$

Dans cette méthode que nous avons adoptée, la coloration, comme nous le disions antérieurement, ne se forme qu'en présence des carbonates alcalins, lesquels carbonates existent toujours dans une eau de pureté même moyenne.

M. H. Causse nous dit en effet dans *Recherches sur la Contamination des Eaux* :

« Les diverses matières organiques apportées par la contamination sont transformées par les bactéries en acides gras ; ceux-ci décomposent les carbonates terreux, et l'eau primitivement alcaline devient neutre ou acide ; en même temps elle perd son activité sur le violet. La présence des acides gras, leur proportion, étant intimement liés à la pureté de l'eau, on s'explique les relations qui existent entre la contamination et les indications fournies par le réactif. »

Nous avons appliqué ces données au dosage de l'oxygène en solution, dans des eaux diverses, ayant des degrés de pureté différents. Nous avons employé comparativement les procédés à l'oxyde de manganèse et au violet de méthyle sulfureux. Ces deux méthodes, comme il est facile de le constater dans le tableau qui suit, nous ont donné des résultats à peu près analogues.

Les eaux sur lesquelles nous avons opéré étaient de trois sortes :

1° *Eau de source.* — Puisée à sa naissance, très claire. La source est située au revers d'une colline. Nous la considéferons comme le type de pureté auquel nous rapporterons les autres dosages.

2° *Eau de la Loire.* — Moins limpide, prélevée à Melay même (village des Bagneaux), 18 kilomètres en aval de Roanne.

3° *Eau des Corilliers.* — Trouble. Cette rivière passant au centre de Melay, reçoit tous les égouts.

(VOIR LE TABLEAU PAGE 22)

EAUX ANALYSÉES		MÉTHODE au MANGANÈSE	MÉTHODE au VIOLET DE MÉTHYLE SULFUREUX
Décembre.	Eau de source.	10 mg. 8	10 mg. 9
	Eau de la Loire	5 — 1	5 — 3
	Eau des Corilliers	0 — 06	lég. coloration
Janvier. .	Eau de source.	10 mg. 9	11 — 2
	Eau de la Loire	3 — 95	4 — 3
	Eau des Corilliers	0 — 04	lég. coloration
Février. .	Eau de source.	10 — 2	10 — 8
	Eau de la Loire	4 — 3	4 — 4
	Eau des Corilliers	Réaction nulle	
Mars. . .	Eau de source.	9 — 3	9 — 9
	Eau de la Loire	3 — 4	3 — 7
	Eau des Corilliers	Réaction nulle	
Avril. . .	Eau de source.	7 — 9	8 — 1
	Eau de la Loire	2 — 2	2 — 8
	Eau des Corilliers	Réaction nulle	
Mai . . .	Eau de source.	7 — 0	7 — 2
	Eau de la Loire	2 — 1	2 — 2
	Eau des Corilliers	Réaction nulle	
Juin . . .	Eau de source.	7 — 1	7 — 2
	Eau de la Loire	2 — 1	2 — 2
	Eau des Corilliers	Réaction nulle	

Comme nous le voyons d'après ce tableau, les eaux contiennent le maximum d'oxygène dissous en hiver et au printemps.

Cela tient aux basses températures de ces deux saisons. En effet, les bactéries de la putréfaction ne se développent qu'en été, au moment de la chaleur. Nous remarquons que l'eau de source qui dose 11 milligrammes en hiver, ne nous donne plus que 7 milligrammes en été. Il en est de même de l'eau de la Loire : de 5 milligrammes trouvés en hiver, on tombe à 2 milligrammes en été. L'eau des Corilliers, véritable eau d'égoûts, en hiver donne une très légère coloration au violet, ce qui démontre des traces d'oxygène dissous.

Elle devient bientôt inactive au réactif, à mesure qu'augmente, au sein du liquide, l'intensité de la putréfaction, intensité en relation avec la température ambiante.

M. H. Causse explique cette cause :

« Une eau, même contaminée abondamment, est le siège de deux actions inverses qui s'exercent à des niveaux différents, lorsqu'elle a le contact de l'air ; en été, les bactéries de la putréfaction, qui ont besoin de chaleur pour vivre, se développent dans toute la masse du liquide, refoulent à la surface les oxydases qui n'opèrent plus qu'une combustion imparfaite de la matière organique ; en hiver, les conditions sont renversées, les bactéries anaérobies, par suite de la température, laissent le champ libre aux oxydases ; ainsi s'explique la diversité des produits, toujours fonction de la température ambiante. »

Nous lisons encore dans son *Précis d'Hydrologie :*

« Lorsqu'une eau impure, fortement chargée en ammoniaque ou en sels ammoniacaux, vient au contact de l'air, l'expérience prouve qu'elle est le siège de réactions oxydantes, sur lesquelles nous aurons à revenir.

« L'ammoniaque contenue dans l'eau de la surface disparaît ; elle est intégralement convertie en acide nitrique ; mais, à quelques centimètres au-dessous, au lieu de nitrates on trouve des nitrites ; plus bas, de l'ammoniaque libre, c'est-à-dire que la composition primitive de l'eau est intacte ou à peu près.

« Il existe donc trois zones caractérisées par trois composés chimiques différents ; comme l'eau primitive, ainsi que les eaux d'égouts, ne contenait que de l'ammoniaque au moment de l'expérience, les composés oxygénés de l'azote apparaissent ici comme les produits d'oxydation de cette base, et il semble logique d'admettre que les nitrites sont le résultat d'une oxydation complète. »

Les dosages précédents ont été faits à la température ordinaire. Il était intéressant pour nous d'examiner les résultats que nous obtiendrions en portant les eaux à analyser à une température de 41 à 42 degrés.

Pour arriver à ce résultat, les eaux à analyser furent mises à l'étuve et maintenues à la température de 41-42 degrés pendant cinq heures.

Tous les mois, l'expérience fut recommencée. Les résultats que nous avons trouvés sont consignés dans le tableau suivant :

Pour l'eau des Corilliers, le dosage à cette température ne donna aucune coloration. Nous avons donc obtenu comme auparavant une réaction nulle.

L'eau de la Loire, suivant les saisons, absorbe une quantité d'oxygène relativement importante. Quant à l'eau de source, le dégagement d'oxygène était sensible.

Nous donnons dans le tableau suivant ces divers résultats :

EAUX ANALYSÉES		À LA TEMPÉRATURE ORDINAIRE	APRÈS 5 HEURES À 41 DEGRÉS
Décembre.	Eau de source.	10 mg. 8	13 — 3
	Eau de la Loire	5 — 2	3 — 9
Janvier. .	Eau de source.	10 — 9	12 — 4
	Eau de la Loire	4 — 1	2 — 8
Février. .	Eau de source.	10 — 2	12 — 0
	Eau de la Loire	4 — 1	2 — 5
Mars . . .	Eau de source.	9 — 3	11 — 7
	Eau de la Loire	3 — 5	2 — 4
Avril . . .	Eau de source.	8 — 0	10 — 1
	Eau de la Loire	2 — 4	1 — 9
Mai . . .	Eau de source.	7 — 2	9 — 1
	Eau de la Loire	2 — 3	1 — 7
Juin . . .	Eau de source	7 — 0	7 — 9
	Eau de la Loire	2 — 0	1 — 3

Nous avons, entre temps, examiné quelques échantillons d'eau de puits peu profonds, en nous servant toujours du réactif au violet de méthyle sulfureux. A la température ordinaire, la dose d'oxygène dissous étant de 10 à 11 milligrammes par litre, devenait 14 à 15 lorsque les dosages étaient faits à la température de 41-42 degrés.

Partant de ces données, on pourra conclure que si une eau portée de la température ordinaire à une température de 41° dégage une certaine quantité d'oxygène, cette eau offrira des chances très restreintes à la putréfaction ; tandis qu'une autre plus ou moins polluée en absorbera une quantité directement proportionnelle au degré de contamination. Les bactéries facultatives qui abondent dans l'eau conserveront en dépit des variations de la température leur rôle d'aérobie et opéreront le retour de la matière organique aux formes primitives sans laisser persister ou apparaître les composés de la putréfaction. Nos résultats sont conformes aux conclusions de M. J. Durupt. Dans sa thèse (*Relations entre la contamination de l'eau, l'absorption de l'oxygène et l'influence de la température sur l'azote organique*), nous lisons :

« ..... Une eau de pureté organique moyenne et une eau impure, soumises à l'action de la température de 40° à 45°, peuvent devenir fortement impures. Cette température favorise d'ailleurs le développement des sporogènes, bactéries que l'on rencontre spécialement dans l'eau d'égout. »

Influence de la conservation sur le taux en oxygène.

A. Lévy, se basant sur les variations du taux en oxygène pendant la conservation, a fondé un procédé de diagnose des eaux.

Il les divise en deux :

1° Eaux qui, en vase clos et stérilisé, absorbent leur oxygène ;

2° Eaux qui, placées dans les mêmes conditions, le dégagent.

Les premières seraient impures et les secondes pourraient être considérées comme peu susceptibles de devenir nuisibles.

Des expériences ont été faites jadis sur les eaux de la Seine et de la Vanne :

Eau de la Seine. —	Dosage immédiat .	10 mgr.	6 par litre	
—	Après 8 jours. . .	7 —	2 —	
—	Après 15 jours . .	0 —	0 —	
Eau de la Vanne. —	Dosage immédiat .	11 mgr.	1 par litre	
—	Après 9 jours. . .	20 —	2 —	
—	Après 60 jours . .	39 —	7 —	

Ces deux eaux sont donc différentes ; car si la première consomme son oxygène, la deuxième le dégage.

Nous avons renouvelé les expériences précédentes, en opérant sur les eaux de la Loire et de la Teysonne.

La Teysonne est un affluent de la Loire. L'eau de

cette rivière est limpide. Elle nous a donné les mêmes résultats que l'eau de la Vanne :

Eau de la Loire. — Dosage immédiat . 3 mgr. 9 par litre
— Après 10 jours . . 2 — 3 —
— Après 20 jours . . 1 — 5 —
— Après 40 jours . . 0 — 6 —

Eau de la Teysonne. — Dosage immédiat 10 mgr. 4 par litre
— Après 10 jours . 18 — 5 —
— Après 20 jours . 25 — 4 —
— Après 40 jours . . 29 — 1 —

L'eau de la Loire absorbe son oxygène ; c'est une mauvaise indication. Par contre, l'eau de la Teysonne le dégage, ce serait, *a priori*, un indice d'innocuité.

CHAPITRE II

Le dosage de l'acide phosphorique est une des parties de l'examen sanitaire des eaux. Cet examen a été quelque peu négligé jusqu'ici. On pouvait attribuer cette indifférence à la lenteur des méthodes et à cet autre fait que l'importance qui doit être accordée à la présence et à la quantité des phosphates est une question qui attend encore une solution.

L'acide phosphorique provient des roches phosphatées. On le rencontre à l'état de minéraux tels que les apatites, les phosphorites, etc., etc. Cet acide entre en solution grâce à l'action combinée de l'eau et de l'acide carbonique.

L'eau pure en contient peu, car dans le sol il est arrêté par le carbonate calcique, le sesquioxyde de fer et l'alumine. Par contre, les eaux contaminées sont ordinairement chargées en acide phosphorique et mieux en phosphore organique.

Il ne peut y avoir de doute, car vu la décomposition et l'oxydation probables des composés de phosphore organique dans les excrétions animales, une quantité excessive de phosphate dans l'eau est une indication d'impureté. Cette remarque est faite au point de vue général; car dans quelques cas isolés, la présence des phosphates peut avoir d'autres causes.

Comme nous le disions plus haut, les méthodes de dosage sont lentes, ce qui rend cette opération pénible. Les quantités extrèmement minimes d'acide phosphorique trouvées même dans les eaux impures sembleraient exclure l'emploi des méthodes gravimétriques; cependant elles ont été employées et le sont encore actuellement.

Hehner et *Harvey* concentrent une grand quantité d'eau et déterminent l'acide phosphorique pondéralement à l'état de phosphomolybdate d'ammonium.

Ces méthodes gravimétriques sont peu pratiques à cause du temps qu'elles demandent; en plus de cela, elles sont sujettes à des erreurs. car, vu les manipulations nombreuses qu'elles exigent, elles exposent l'analyste à des pertes de phosphore, surtout pendant la concentration.

Phipson précipite les phosphates d'un grand volume d'eau au moyen de l'alun et d'un excès d'ammoniaque; puis il effectue la précipitation finale avec du molybdate d'ammoniaque.

Ce procédé est long, et des expériences faites avec une méthode plus délicate ont montré que la précipitation du phosphate n'est pas complète.

Après ces méthodes les procédés colorimétriques ont donné des résultats beaucoup plus satisfaisants. Ils sont tous basés sur la couleur obtenue en traitant une solution de phosphate par le molybdate d'ammoniaque en présence de l'acide nitrique.

Lepierre évapore un litre d'eau, insolubilise le silicate par des évaporations réitérées avec de l'acide azotique et filtre. Le produit de la filtration contient l'acide phosphorique. Ce dernier est déterminé colorimétriquement après traitement par le réactif nitromolybdique.

Jolles et *Neurath* ont donné un procédé semblable à celui de Lepierre. Ils remplacent simplement le sel d'ammonium par le molybdate de potassium.

Ces méthodes sont cependant sujettes aux mêmes objections que les méthodes gravimétriques. Il faut concentrer de trop grandes quantités d'eau, l'évaporation en est longue et, de ce fait, il peut y avoir des erreurs sérieuses.

La température à laquelle le résidu doit être porté pour permettre d'enlever la silice, est un point dont l'importance augmente la délicatesse du procédé, particulièrement lorsqu'on opère sur de petites quantités.

MM. *A.-G. Woodman* et *L. Cayvan* ont donné une étude critique de ces méthodes colorimétriques. Nous avons expérimenté ces procédés d'après leur enseignement.

Les réactifs nécessaires sont les suivants :

1° *Molybdate d'ammoniaque* : On dissout 50 grammes de molybdate d'ammoniaque dans un litre d'eau distillée.

2° *Acide nitrique :* On mélange une partie d'acide nitrique (D = 1,42) avec cinq parties d'eau.

3° *Solution de phosphate étalon :* Pour l'établir, on prend 5,324 de phosphate de soude cristallisé, que l'on dissout dans de l'eau récemment distillée, après addition de 100 cc. d'acide nitrique, on complète le volume d'un litre avec de l'eau distillée.

1 cc. de cette solution représente 0,005324 de phosphate de soude, soit 1 milligramme d'acide phosphorique.

Cette solution reste plusieurs mois sans s'altérer, si l'on a la précaution d'employer des flacons en verre de couleur et d'un bouchage parfait. Cependant après un long espace de temps, elle devient un peu plus forte, grâce au silicate dissous du verre.

Dosage : A l'aide de la solution étalon nous avons formé une gamme de tubes contenant 1, 2, 3 milligrammes d'acide phosphorique. Pour cela, opérant sur un volume de 50 cc., nous ajoutions aux centimètres cubes de solution de phosphate étalon, représentant les milligrammes d'acide phosphorique, un peu de réactif nitromolybdique et complétions dans chacun des tubes le volume de 50 cc. avec de l'eau distillée.

Cette série de tubes à 1, 2, 3 milligrammes était établie pour les eaux contenant beaucoup de phosphates et polluées. Nous avions, à côté de cela, préparé une autre gamme de tubes contenant 0 mg. 1, 0 mg. 2, etc., pour les eaux potables. Elle était faite de la même façon, diluant la solution première au dixième.

Il ne reste plus qu'à établir le tube de comparaison. Nous avons, tout d'abord, insolubilisé la silice.
Prenant un volume de 1 à 3 litres d'eau à analyser,
on évapore jusqu'à 25-30 cc. On transvase, dans
une capsule en platine, rinçant le ballon avec de
l'acide chlorhydrique pour dissoudre les parties
attachées aux parois, on ajoute au contenu de la
capsule. Après évaporation au bain d'eau et dessiccation à l'étuve à 150°, le résidu est mouillé à nouveau avec de l'acide chlorhydrique concentré, puis
évaporé. On peut considérer, dès lors, la silice
comme insolubilisée. Reprenant par l'eau, on ajoute
le réactif nitromolybdique, de manière à obtenir un
volume de 50 cc. On compare alors avec les tubes
étalons, et la teneur en acide phosphorique est
donnée par celui dont la couleur est d'intensité
égale à celle du tube contenant l'eau à analyser.

Quelques hydrologistes avaient songé à remplacer
le molybdate d'ammoniaque par celui de potasse ou
de soude, mais ils n'obtinrent aucun avantage particulier. La couleur observée n'était pas plus intense ;
elle était même plus verte, ce qui rendait la lecture
des étalons beaucoup plus difficile.

On trouva cependant que pour une quantité de
solution de phosphate, l'intensité de la couleur et la
rapidité avec laquelle elle se développait dépen-
daient jusqu'à un certain point de la quantité du
réactif employé. Après de nombreuses expériences,
les meilleurs résultats furent obtenus avec 4 cc. de
molybdate d'ammoniaque et 2 cc. d'acide nitrique.

Pour comparer les couleurs, on employa d'abord

les tubes de Nessler ordinaires ; mais on découvrit que si les tubes employés étaient d'un diamètre trop petit, les lectures devenaient difficiles. Les tubes qui donnent le meilleur résultat ont une capacité de 100 cc. Ils sont en verre dur et blanc, de 2 centimètres de diamètre et de 24 centimètres de long.

La couleur est tout de même un peu difficile à lire avec exactitude, et pour une lecture plus précise, ne pourrait-on pas employer une forme quelconque de colorimètre ?

Toutefois, pour un dosage, il faut comparer les tubes dans la lumière du nord réfléchie par une surface blanche, telle qu'une lame de porcelaine blanche non vernie, inclinée, formant un angle de 40° environ.

De cette façon il est possible d'apprécier 0,002 milligrammes de solution de phosphate étalon dans 50 cc. d'eau à la température ordinaire. Si nous portons la solution de la température ordinaire à la température de 60° on peut lire 0,001 milligramme. La délicatesse de la réaction est donc suffisante pour montrer la présence d'une partie de phosphate dans 50.000.000 de parties d'eau.

D'autre part, des quantités de phosphate comparativement grandes peuvent exister dans 50 cc. d'eau sans causer de précipité par addition de réactif, excepté après un temps considérable. Comme il est plutôt difficile d'harmoniser les couleurs les plus intenses. on n'a pas employé d'étalon plus haut que 10 cc. de solution de phosphate dans 50 cc. d'eau. On détermina par expérience que cet étalon, d'un degré cependant élevé, conservait sa limpidité pendant douze à quinze heures à la température d'une chambre.

Lepierre, à l'appui de la méthode, affirme que les solutions de phosphate composant sa gamme peuvent être conservées sans aucune altération pendant plusieurs mois. La comparaison de ces solutions, suivie de jour en jour, montre que cela n'est pas exactement vrai. L'altération est certainement moins forte chez les phosphates étalons d'un degré supérieur ; mais rapide chez ceux d'un degré inférieur. La vivacité de la couleur est fonction de deux facteurs : la quantité de phosphate et la température.

Pour déterminer l'effet exact de la température, on a pris des solutions variées à des températures différentes. Pour arriver à ce résultat, des quantités diverses de solution étalon furent diluées à 50 cc. et après l'addition de réactifs, portées graduellement dans un bain d'eau de 20° à 60°.

Les observations étaient notées tous les 5 degrés. Si les réactifs étaient ajoutés après le chauffage, les couleurs n'étaient pas aussi nettes. Les plus satisfaisantes furent obtenues entre 25° et 35°. La couleur maxima aurait pu être donnée entre 90° et 100° ; mais à cette température la précipitation rend la lecture impossible. Nous donnons dans la figure suivante quelques-unes des variations notées pendant cette expérience. Les volumes sont indiqués en ordonnées et les températures en abcisses. Nous remarquons que l'augmentation dans la couleur est pro-

FIGURE INDIQUANT L'AUGMENTATION DE COLORATION
PAR DIVERS VOLUMES DE SOLUTION DE PHOSPHATE
A DES TEMPÉRATURES DIFFÉRENTES

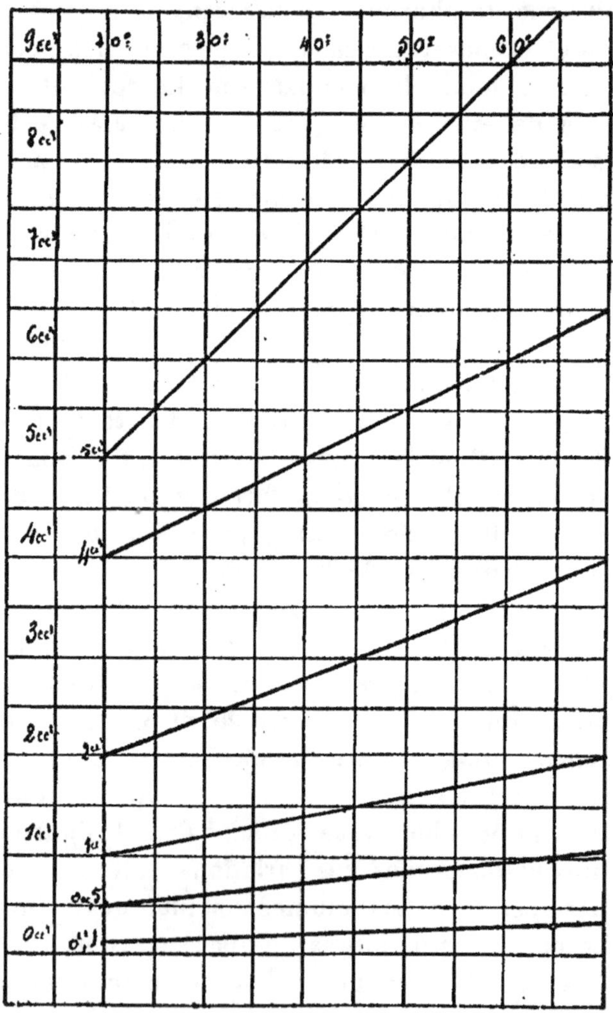

portionnelle à la température et au volume. Elle est double dans les plus hauts étalons.

Tous, en refroidissant, reviennent à leur couleur primitive.

Nous avons vu plus haut qu'il était nécessaire d'éliminer la silice. Cette substance se comporte avec le réactif molybdique à peu près comme l'acide phosphorique, et l'on a démontré que d'autres composés pouvaient intervenir. Le vanadium et le titanium ont des propriétés analogues au phosphore et au silicium. Les vanadates et titanates pourraient nuire dans la détermination des phosphates par la méthode colorimétrique.

Le titanium est particulièrement sujet à se trouver dans les eaux naturelles des régions qui contiennent des minerais de ce corps (rutile, anatase, brookite). Le titanate de sodium donne avec le réactif molybdique une couleur jaune verdâtre, mais bien moins intense que la couleur des phosphates. A la température ordinaire, la couleur peut subsister une heure sans s'affaiblir. Dans le cas où l'élimination de ce corps deviendrait nécessaire, on évapore avec de l'acide azotique et, maintenant la température de 100° pendant deux heures, on insolubilise l'oxyde de titanium.

Par contre, le vanadium est en si petites quantités que sa présence nuit bien moins à la détermination de l'acide phosphorique. En plus de cela, un vanadate donne avec le molybdate d'ammoniaque seul une couleur jaune, durant plusieurs heures ; mais ajoute-t-on de l'acide nitrique, la coloration disparaît en cinq minutes.

Nous donnons encore, avant d'exposer le procédé dont nous nous sommes servi en dernier lieu, la méthode indiquée en hydrologie. Elle consiste à engager l'acide phosphorique dans un précipité de phosphate ammoniaco-magnésien.

On prend pour cela un volume de 2 à 3 litres d'eau et on insolubilise la silice comme il a été dit plus haut ; c'est-à-dire qu'il faut évaporer jusqu'à 25-30 cc. On transvase dans une capsule de platine. Il faut ensuite rincer le ballon avec l'acide chlorhydrique pour dissoudre les parties attachées aux parois et l'on ajoute au contenu de la capsule. Après évaporation au bain d'eau et dessiccation à l'étuve à 150°, le résidu sec est mouillé à nouveau avec HCl concentré ; on évapore ensuite. La silice est de cette façon rendue insoluble.

Ce résidu est repris par 10 à 15 cc. d'eau distillée. On l'additionne d'un peu de mixture magnésienne et après sursaturation par l'ammoniaque il se forme un précipité de phosphate ammoniaco-magnésien. Ici la méthode peut se terminer de deux façons, pondéralement ou volumétriquement.

Pondéralement. — On lave le précipité à l'eau ammoniacale plusieurs fois et on laisse sécher sur un filtre. Il faut incinérer le tout, filtre et précipité, dans une capsule de platine. On pèse ensuite après transformation du phosphate ammoniaco-magnésien en pyrophosphate de magnésie.

Volumétriquement. — Le précipité de phosphate ammoniaco-magnésien est repris par 50 cc. d'eau et

environ 1 gramme d'acide acétique. On porte à
l'ébullition et la burette étant garnie de liqueur
d'urane, on titre ; le volume trouvé :

$$v \times 0,005$$

donne la quantité d'acide phosphorique contenue
dans l'eau analysée.

L'acide phosphorique existant en faible quantité
dans les eaux même contaminées, on a bien délaissé
les méthodes pondérales et volumétriques en leur
substituant les procédés colorimétriques.

PROCÉDÉ H. CAUSSE AU CHLOROMERCURATE
DE PARAMIDOBENZÈNE SULFONATE DE SODIUM

Le chloromercurate de paramidobenzène sulfonate
de sodium dont la formule est celle-ci :

$$C^6H^4 \Big\langle {}^{AzH^2.\ HgCl^2}_{SO^3.\ Na}$$

doit son action au bichlorure de mercure.

M. *H. Causse*, se basant sur l'occlusion simultanée
du fer et de l'acide phosphorique dans les eaux,
songea à oxyder ces combinaisons phosphatées et
ferreuses par le sel de mercure. Le fer est précipité
à l'état de sesquioxyde de fer et l'acide phosphorique à l'état de phosphate mercureux.

Pour préparer le chloromercurate, on emploie le
paramidobenzène sulfonate de sodium que l'on trouve
dans le commerce. Ce sel est en beaux cristaux.

violet améthyste plus ou moins foncé. Il n'est pas très pur et contient du fer. Pour le purifier, on dissout 200 grammes de sel dans un litre d'eau distillée. A cette solution on ajoute du noir lavé et on laisse en contact pendant un ou deux jours ; au bout de ce temps on filtre. On ajoute de l'eau de baryte en excès à cette solution. Il faut filtrer et enlever l'excès de baryte par l'acide sulfurique étendu. Lorsque la liqueur qui surnage est éclaircie, on filtre à nouveau et on verse une solution saturée de bichlorure de mercure. On obtient alors un précipité blanc éclatant, constitué par du chloromercurate de paramidobenzène sulfonate de sodium. Après dessiccation à l'abri des poussières atmosphériques et de la lumière, on conserve en vase clos.

Dosage. — Pour doser au moyen de ce réactif nous nous servions d'un ballon d'une contenance de 5 litres. Il était entièrement rempli d'eau à analyser. On ajoute 2 à 3 grammes de chloromercurate de paramidobenzène sulfonate de sodium. Après agitation, on laisse, pendant une trentaine d'heures, déposer le précipité de sesquioxyde de fer et de phosphate de mercure. Au bout de ce temps, on décante le liquide et le précipité reçu sur un filtre est lavé et entraîné dans un tube. L'eau est remplacée par l'acide chlorhydrique. Le fer et l'acide phosphorique se trouvent dans la liqueur chlorhydrique. Pour doser l'acide, il faut le séparer du fer. On évapore et dessèche à 115°-120°. Le résidu mélangé à 1 gramme de carbonate de soude pur est arrosé avec quelques centimètres cubes d'acide nitrique. On évapore au bain de sable et l'on calcine pour peroxyder le fer.

Le produit de la calcination est repris par de l'eau, 25 à 30 centimètres cubes environ et on filtre. Dans la liqueur se trouve l'acide phosphorique et le sesquioxyde de fer reste sur le filtre.

Pour séparer l'acide phosphorique, la solution est acidulée avec de l'acide nitrique et additionnée de son volume de réactif mitromolybdique. On porte le mélange dans un bain d'eau bouillante. On voit apparaître un précipité de phosphomolybdate d'ammoniaque.

On peut alors déterminer l'acide phosphorique, colorimétriquement, pondéralement ou volumétriquement.

Colorimétriquement. — En comparant aux tubes de la solution de phosphate étalon.

Pondéralement. — En pesant directement le phosphomolybdate. Son poids multiplié par 0.038 donne l'acide phosphorique. Toutefois si la quantité de phosphomolybdate le permet on le transforme en phosphate ammoniaco-magnésien, en le traitant par l'eau ammoniacale et la mixture magnésienne. Le précipité de phosphate ammoniaco-magnésien est alors transformé en pyrophosphate et pesé.

Volumétriquement. — Le même précipité est repris par l'eau et l'acide acétique et titré au moyen de la liqueur d'urane.

M. *H. Causse* fit des recherches, à l'aide de sa méthode, sur les eaux du Rhône, de la Saône et sur des eaux d'égout. Nous donnons dans le tableau suivant les résultats qu'il obtint :

	FER	ACIDE PHOSPHORIQUE	AZOTE ORGANIQUE
Eau du Rhône (mai-juin 1903)	traces	traces	o mg. 40
Eau de la Saône (mai-juin 1903)	o mg. 1	o mg. 1	1 — 28
Eau de source (terrain calcaire septembre 1903)	o — 3	o — 1	»
Eau d'égout (févr.-mars 1903)	4 — o	3 — o	4 — 16

Il conclut que dans l'eau de la Saône, qui contient une proportion anormale de matière organique, azotée, ferreuse, phosphatée, la contamination est présente et que sous ce rapport elle ressemble à de l'eau d'égout fortement diluée.

Quant à l'eau du Rhône et à l'eau de la source où la contamination est passée, les résultats paraissent contradictoires *a priori*. Dans le cas de l'eau de source la proportion d'azote organique est nulle à côté d'une quantité appréciable de fer et d'acide phosphorique ; dans l'autre, c'est l'inverse qui a lieu ; mais, après examen on remarque que ces faits sont la conséquence de l'origine différente de la matière organique.

Nos recherches au point de vue phosphore ont porté sur les trois eaux déjà citées au chapitre de l'oxygène, c'est-à-dire :

1° Eau de source ;
2° Eau de la Loire ;
3° Eau des Corilliers.

Nous avons opéré, comme nous l'avons dit plus haut, avec le chloromercurate de paramidobenzène sulfonate de sodium, terminant la méthode ou colorimétriquement ou volumétriquement.

Nous donnons dans le tableau qui suit quelques-uns de ces dosages, faisant remarquer, tout d'abord, que ces derniers ayant été répétés fréquemment, nous notons ici les résultats moyens :

(VOIR LE TABLEAU PAGE 44)

EAUX ANALYSÉES		ACIDE PHOSPHORIQUE
Décembre,	Eau de source.	Nul ou à peu près
	Eau de la Loire	Traces
	Eau des Corilliers. . . .	2 mg. 5
Janvier. .	Eau de source.	Nul ou à peu près
	Eau de la Loire	Traces
	Eau des Corilliers. . . .	2 mg. 53
Février. .	Eau de source.	Nul ou à peu près
	Eau de la Loire	Traces
	Eau des Corilliers. . . .	3 mg.
Mars. . .	Eau de source.	Traces légères
	Eau de la Loire	Traces
	Eau des Corilliers. . . .	3 mg. 1
Avril. . .	Eau de source.	Traces légères
	Eau de la Loire	o mg. o5
	Eau des Corilliers. . . .	2 mg. 9
Mai . . .	Eau de source.	Traces légères
	Eau de la Loire	o mg. o3
	Eau des Corilliers. . . .	3 mg. 2
Juin . . .	Eau de source.	Traces légères
	Eau de la Loire	o mg. o6
	Eau des Corilliers. . . .	3 mg. 1

CHAPITRE III

Que devons-nous conclure de cet ensemble de dosages ? Il est à remarquer que toutes les analyses ont été faites simultanément. Nous dosions l'oxygène et en même temps le chloromercurate précipitait fer et acide phosphorique d'un liquide semblable.

Nous agissions ainsi afin d'établir un rapport entre l'oxygène dissous et le phosphore organique.

Pour le montrer d'une façon plus nette, nous avons rassemblé dans un seul tableau et d'une façon plus concise les résultats trouvés antérieurement.

Nous relevons de cet exposé les faits suivants :

Lorsque la proportion d'oxygène est normale, celle d'acide phosphorique est nulle ou à peu près ; par contre, si l'oxygène a disparu pour une raison quelconque, l'acide phosphorique existe dans l'eau et sa proportion est en relation avec la faible quantité d'oxygène. Il y a donc un rapport inversement proportionnel entre l'oxygène dissous et le phosphore organique.

	EAUX ANALYSÉES	OXYGÈNE	ACIDE PHOSPHORIQUE
De Décembre à Mars	Eau de source.	10 mg 63	Nul ou à peu près
	Eau de la Loire . ;	4 — 35	Traces
	Eau des Corilliers. . . .	0,003 ou traces	2 mg 67
De Mars à Juillet	Eau de source.	7 — 82	Traces
	Eau de la Loire	2 — 4	0 mg 023
	Eau des Corilliers. . . .	(nul)	3 — 07

On peut même expliquer cela théoriquement. Parmi les matières azotées qui figurent comme constituant la cellule végétale, se trouvent les nucléines, dont la formule générale est celle-ci :

$$(C^4 H^5 Az^4 P^2 O^9)$$
$$(C^{29} H^{49} Az^9 P^3 O^{22} \text{ d'après Miescher}).$$

Si l'oxygène en solution est en proportion convenable, le phosphore est transformé en acide phosphorique qui, réagissant sur le carbonate de chaux, donnera du phosphate calcique insoluble ; de ce fait, il disparaît de la molécule.

Dans le cas contraire, le phosphore organique reste en solution ; la nucléine n'est point désorganisée, la contamination est présente et l'eau plus ou moins dangereuse, suivant la nature des composés qu'elle renferme.

L'eau de source qui a été examinée représente, en l'espèce, de l'eau pure des produits de la putréfaction ; bien que le taux en oxygène dissous diminue quelque peu pendant la saison chaude, il reste suffisamment élevé pour que l'élimination du phosphore soit assurée.

L'eau de la Loire, pendant la saison froide, peut être considérée comme pure ; l'oxygène dissous est bien en quantité relativement faible ; mais nous savons que l'hiver est peu propice au développement des bactéries anaérobies. D'ailleurs, elle roule sur un sol granitique, auquel elle emprunte peu de matériaux ; néanmoins, nous notons que l'acide phosphorique devient appréciable en été, en même temps que l'oxygène diminue, et ceci est certainement l'indice d'une combustion incomplète de la matière organique. En effet, nous reportant au tableau précédent, nous voyons que de la saison froide à la saison chaude l'oxygène est en progression descendante tandis que l'inverse a lieu pour l'acide phosphorique.

L'eau des Corilliers, par contre, été comme hiver, est fortement souillée. Ce ruisseau est un type des cours d'eau mal entretenus. Il passe au centre de Melay, les résidus de toute nature qu'il reçoit en font un foyer très actif de fermentations putrides, dont l'odeur, particulièrement désagréable en été, se fait parfois sentir même en hiver, surtout au moment des changements de la pression atmosphérique. Ces faits ne surprendront pas après les analyses que nous avons consignées dans les tableaux précédents. Ces résultats nous montrent aussi qu'une eau où se passent des fermentations putrides est toujours riche en phosphore organique, témoignage incontestable de la vie microorganique.

CONCLUSIONS

1° D'après les résultats obtenus, comparativement avec d'autres méthodes connues, on peut considérer le procédé de dosage de l'oxygène dissous dans l'eau au moyen du violet de méthyle sulfureux comme exact.

2° Lorsqu'une eau contient environ 10 milligrammes d'oxygène en solution, cette quantité est une indication précieuse pour la valeur hygiénique de cette eau, à la condition qu'elle reste invariable ou à peu près.

3° Nous avons confirmé une fois de plus que le dosage immédiat de l'oxygène n'a qu'une valeur très relative, il ne prend une signification précise qu'après l'action de la chaleur. L'eau de la Loire, par exemple, tient en solution une proportion relativement faible d'oxygène ; cela ne veut nullement dire qu'elle soit suspecte, dans l'état actuel de nos connaisssances ; mais le fait qu'elle absorbe son oxygène lorsqu'on la soumet à l'action de la chaleur est assurément un signe suspect et indique qu'il ne convient d'accorder à cette eau qu'une confiance très limitée.

4° Nos dosages montrent qu'il existe une relation étroite entre la présence du phosphore organique dans les eaux et leur teneur en oxygène ; cette proportion est inverse. En règle générale, plus l'oxygène est abondant, plus faible est la quantité d'acide phosphorique et réciproquement.

223

TABLE DES MATIÈRES

Lyon. — Imp. A. Storck et Cⁱᵉ, 8, rue de la Méditerranée.

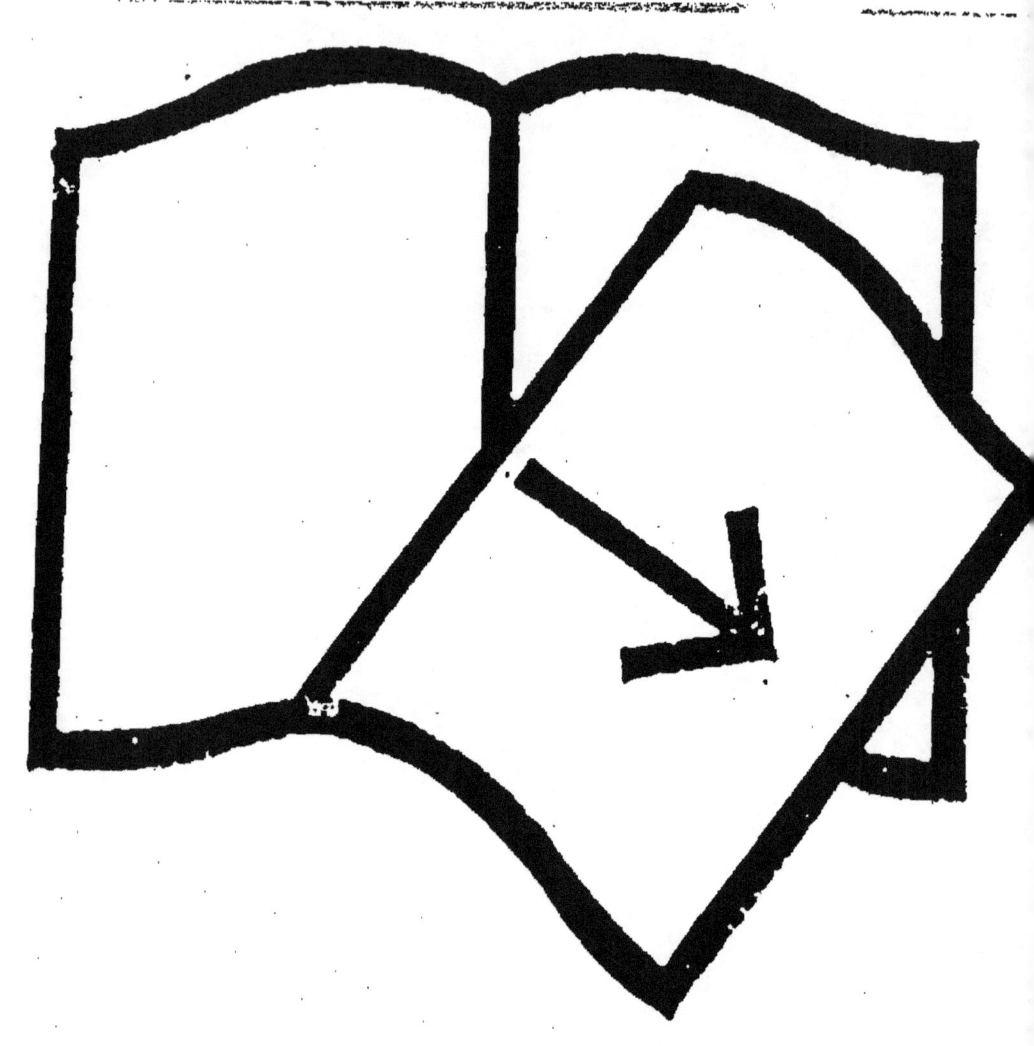

Documents manquants (pages, cahiers...)
NF Z 43-120-13

www.ingramcontent.com/pod-product-compliance
Lightning Source LLC
Chambersburg PA
CBHW061217030726
47595CB00004B/1287